Abdullahi Gadama
Faruk Sarkinfada
Yusuf Mohammed

Seroprevalência do citomegalovírus entre mulheres grávidas em Jahun, Nigéria

Abdullahi Gadama
Faruk Sarkinfada
Yusuf Mohammed

Seroprevalência do citomegalovírus entre mulheres grávidas em Jahun, Nigéria

ScienciaScripts

Imprint
Any brand names and product names mentioned in this book are subject to trademark, brand or patent protection and are trademarks or registered trademarks of their respective holders. The use of brand names, product names, common names, trade names, product descriptions etc. even without a particular marking in this work is in no way to be construed to mean that such names may be regarded as unrestricted in respect of trademark and brand protection legislation and could thus be used by anyone.

Cover image: www.ingimage.com

This book is a translation from the original published under ISBN 978-620-2-00733-7.

Publisher:
Sciencia Scripts
is a trademark of
Dodo Books Indian Ocean Ltd. and OmniScriptum S.R.L publishing group

120 High Road, East Finchley, London, N2 9ED, United Kingdom
Str. Armeneasca 28/1, office 1, Chisinau MD-2012, Republic of Moldova, Europe
Printed at: see last page
ISBN: 978-620-7-87391-3

ÍNDICE DE CONTEÚDOS

Sobre o autor

Abdullahi Sani Gadama. MBBS, MSc:

Obteve a licenciatura em Medicina e a licenciatura em Cirurgia (MB, BS) na Faculdade de Ciências Médicas da Universidade Bayero, Kano, em 2013. Em seguida, fez um mestrado em Microbiologia Médica com especialização em Imunologia na Faculdade de Ciências Clínicas da Universidade Bayero, Kano, e licenciou-se em 2017. Atualmente, é médica e investigadora no Ministério da Saúde do Estado de Jigawa, no Nordeste da Nigéria.

Categoria do livro.

Microbiologia médica.

Descrição do livro.

O citomegalovírus é a infeção intra-uterina mais comum, cujas manifestações estão associadas ao estado imunitário do hospedeiro.

Apesar de existirem vários relatos de sequelas neurológicas em crianças que são atribuídas à infeção materna por CMV, a informação é limitada, tal como a compreensão adequada do mecanismo imunitário em relação à patogénese e às formas clínicas, a falta de capacidade de deteção do CMV em todos os níveis dos laboratórios das unidades de saúde na Nigéria. Por conseguinte, não existe uma política de intervenção para a prevenção e o controlo das infecções por CMV.

Com a elevada prevalência de infeção por citomegalovírus identificada neste estudo, é óbvio que a maioria dos fetos corre o risco de ter problemas neurológicos que vão desde a perda auditiva neurossensorial, dificuldades de aprendizagem e vários graus de malformações congénitas. Os adultos predispostos a condições de imunossupressão sofrerão provavelmente as consequências da infeção por CMV, da reinfeção e da reativação de infecções latentes.

Em contraste com outros factores anteriormente identificados como promotores da infeção por CMV noutras partes do mundo, o contexto do casamento foi o único fator que, neste estudo, se revelou significativamente associado à presença de anticorpos IgG específicos para CMV, com a maioria dos casos encontrados em contextos poligâmicos.

Dedicação.

Este livro é dedicado a toda a geração de estudantes do departamento de Microbiologia Médica e Parasitologia da Universidade Bayero, Kano.

Agradecimentos.

Os autores agradecem aos funcionários do Departamento de Microbiologia Médica e Parasitologia da Universidade Bayero de Kano, aos funcionários do Laboratório de Tuberculose do Hospital Universitário Aminu Kano, ao Ministério da Saúde do Estado de Jigawa e à Direção do Hospital Geral de Jahun pela sua ajuda, de uma forma ou de outra, para o êxito deste estudo.

Abdullahi Gadama

Faruk Sarkinfada.

Yusuf Mohammad.

outubro de 2017.

Capítulo 1

INTRODUÇÃO GERAL

1.1 ANTECEDENTES DO ESTUDO

O citomegalovírus humano (CMV) é um membro altamente específico do hospedeiro da família Herpesviridae humana. Os membros da família Herpesviridae incluem o vírus Herpes Simplex (HSV) tipo 1 e 2, o vírus Varicella Zoster (VZV) e o vírus Epstein-Barr (EBV). O CMV é o maior vírus da família e é morfologicamente indistinguível de outros herpesvírus humanos (Sinzger et al, 1995). É um vírus ubíquo de ADN de cadeia dupla e envelopado (Akhtar e W ills, 2011).

A infeção por CMV é amplamente categorizada em formas primárias e não primárias de infeção. A infeção primária é definida como uma infeção por CMV numa pessoa previamente seronegativa. O vírus fica adormecido após a infeção primária e permanece num estado latente, quando pode ser reativado, dando origem à forma reactivada da infeção por CMV. Com o aparecimento de várias estirpes de CMV que infectam os seres humanos, a reinfeção pode, portanto, ocorrer mesmo em indivíduos imunocompetentes (Yinon et al, 2010). A infeção não primária pelo CMV inclui a infeção recorrente, a reinfeção e a reativação da infeção primária. A reinfeção e a reativação são coletivamente designadas por infeção secundária por CMV (Revello et al, 2011). A reativação da infeção primária e a reinfeção por uma estirpe distinta do vírus primário conduzem a uma infeção recorrente (Alford et al, 1990; Yinon et al, 2010).

A maioria das infecções por CMV está abaixo do limiar do reconhecimento clínico. No entanto, podem causar doenças graves em fetos e em indivíduos imunocomprometidos, mas raramente causam doenças em pessoas saudáveis (Dollard et al, 2014).

O CMV é a etiologia viral mais comum do atraso mental e da perturbação auditiva das crianças nos países desenvolvidos (Rahav et al, 2007). No entanto, essa evidência não foi estabelecida na maioria dos países em desenvolvimento. A perda auditiva sensoneural (PANS) é a consequência mais comum do CMV que não se manifesta na fase neonatal, mas em muitos casos pode flutuar e ser progressiva por natureza, tornando-se clinicamente aparente durante os primeiros seis anos de vida (Fowler e Boppana, 2006)

Foi referido que o risco de infecções sintomáticas por CMV à nascença ou de as crianças virem a desenvolver sequelas é maior se a infeção materna ocorrer durante as primeiras oito semanas de gravidez e que a maioria das infecções congénitas graves por CMV é causada por uma infeção primária e não secundária da mulher grávida (Malm e Engman, 2007).

Vários estudos demonstraram uma forte associação entre a infeção primária da mãe pelo CMV e a transmissão vertical do CMV. O risco de infeção congénita é de aproximadamente 40% em bebés nascidos de mães que adquirem uma infeção primária (inicial) por CMV após a conceção. Em contrapartida, o risco é de apenas cerca de 1% em bebés nascidos de mães com infeção não primária por CMV (Dollard et al, 2014).

A transmissão do CMV ocorre através do contacto próximo com secreções e fluidos corporais humanos contaminados com o vírus. O vírus pode ser encontrado na urina, saliva, sangue, secreções cervicais, sémen, leite materno e tecidos/órgãos transplantados. Estas secreções e fluidos corporais contêm ou excretam o CMV de forma intermitente. A excreção do CMV é normalmente prolongada após uma infeção primária aguda, mas isto raramente acontece com infecções recorrentes ou secundárias (Hazell, 2007). A transmissão vertical do CMV da mãe para o feto pode ocorrer durante a gravidez, excluindo assim a transmissão do vírus da mãe para o recém-nascido. (Pass et al, 2006; Kenneson e Cannon, 2007; Hyde, 2014; Hyde et al, 2014)

A seroprevalência do CMV depende de múltiplos factores, incluindo o estatuto socioeconómico, a idade e a profissão (Betts, 1983). A seropositividade está correlacionada com o aumento da paridade, o nível socioeconómico mais baixo, a idade mais avançada, o número de parceiros sexuais e o estado do sistema imunitário, como o VIH, a quimioterapia para o cancro, o transplante de órgãos, etc. (Chandle et al, 1985).

Tanto a imunidade inata como a adquirida desempenham papéis virais sinérgicos na imunidade do hospedeiro contra a infeção pelo CMV (Crough e Khanna, 2009). A estimulação dos receptores Toll-like pelo CMV ativa as vias de transdução de sinal, que induzem a secreção de citocinas inflamatórias que recrutam células do sistema imunitário inato, e a regulação positiva de moléculas coestimuladoras como o CD80 e o CD86, que são importantes para a ativação da imunidade adaptativa (Boehme e Compton, 2004; Compton et al, 2003; Crough e Khanna, 2009). As células B activadas iniciaram a diferenciação e proliferação e a subsequente produção de IgM que tem como alvo o recetor gB envolvido na ligação e penetração celular, neutralizando assim o vírus (Britt et al, 1990). Durante o curso da infeção, as células B sofrem recombinação de troca de classe, levando à produção de IgG. Embora a resposta imunitária induzida pela infeção primária não erradique o vírus, é evidente que as células $CD8^+$ -T específicas do CMV e as células $CD4^+$ -T são todas importantes para controlar e restringir a replicação viral em hospedeiros com infeção persistente. (Crough e Khanna, 2009)

A determinação da infeção primária por CMV baseia-se na deteção de anticorpos IgM específicos. No entanto, a IgM também pode ser detectada em 10% das infecções recorrentes e durante meses após a infeção primária. A presença de CMV IgG indica uma infeção passada (Drew, 1988, Yinon et al, 2010).

A distinção entre infeção primária e infeção passada ou recorrente pode agora ser conseguida através do teste de avidez do antigénio (Hazell, 2007). A identificação da estirpe do CMV e, por conseguinte, a diferenciação entre reinfeção e reativação só pode ser conseguida através de estudos moleculares de isolados virais (Gaytant et al, 2002; Yinon et al, 2010)

1.2 DECLARAÇÃO DO PROBLEMA DE INVESTIGAÇÃO.

A infeção congénita por CMV é a infeção intra-uterina mais comum, ocorrendo em aproximadamente 40 000 recém-nascidos por ano nos Estados Unidos (Coll, 2009). Estima-se que cerca de 60%-90% das crianças com infeção congénita por CMV sintomática e 10%-15% assintomática no período neonatal desenvolverão danos neurológicos a longo prazo quando acompanhadas ao nascimento (Griffiths e Mclaughlin, 2004).

Prevê-se que seja encontrada uma seroprevalência mais elevada nos países em desenvolvimento (Cannon et al, 2010). Os relatórios mostraram que o continente africano tem a prevalência mais elevada de anticorpos IgG contra o CMV, com 72,2% e 96,0% de seroprevalência registada no Sudão e no Egipto, respetivamente (Hamdan et al, 2011). Na Nigéria, em 2004, foi relatado um caso de três irmãos de uma família monogâmica no estado de Osun, na Nigéria, que apresentavam um historial de deficiência visual/cegueira devido ao CMV (Bernice, 2008). A perda auditiva neurossensorial (PANS), as convulsões, a coriorretinite, o atraso mental, os atrasos psicomotores e da fala, as dificuldades de aprendizagem e as perturbações da dentição são as consequências mais frequentes a longo prazo da infeção congénita por CMV (Fowler e Boppana, 2006). As complicações acima referidas têm um efeito negativo na capacidade mental e na produtividade da criança e, por conseguinte, constituem uma preocupação de saúde pública.

Os procedimentos de imunodiagnóstico provam ser as ferramentas de diagnóstico viáveis para a deteção de infecções por CMV. Um inquérito serológico realizado nos Estados de Bida-Níger, Lagos e Sokoto, na Nigéria, entre mulheres grávidas, revelou uma seroprevalência de 84,2%, 97,2% e 98,7%, respetivamente (Okwori et al, 2008; Akinbami et al, 2011; ahmad et al, 2011). Num outro estudo, verificou-se que a doença congénita por CMV ocorre mais frequentemente em populações com taxas de seroprevalência elevadas (Mussi-pinhata et al, 2009).

1.3 JUSTIFICAÇÃO DO ESTUDO

M uitas crianças apresentam várias doenças neurológicas, incluindo atraso mental, epilepsia, dificuldades de aprendizagem, nas clínicas de neurologia pediátrica (wammanda et al, 2007), etc. No entanto, o conhecimento limitado dos profissionais de saúde e as instalações inadequadas para o diagnóstico laboratorial destas doenças fazem com que as etiologias prováveis permaneçam frequentemente desconhecidas. Há vários relatos de sequelas neurológicas em crianças que são atribuídas a infecções maternas por CMV (Dollard et al, 2014). A política de saúde materna da Nigéria prevê o rastreio da malária, do VIH e da sífilis durante os cuidados pré-natais, em conformidade com as recomendações da Organização Mundial de Saúde (OMS, 2012). No entanto, a política não prevê o rastreio do CMV em mulheres grávidas. Não há provas da capacidade de deteção do CMV, especialmente em todos os níveis dos laboratórios das unidades de saúde na Nigéria. Por conseguinte, não existe uma política de intervenção para a prevenção e o controlo das infecções por CMV devido a informações limitadas sobre o peso da infeção por CMV e a associação entre a infeção por CMV nas mães e a sua possível transmissão aos fetos. Foi, por conseguinte, identificada uma lacuna na política, que os resultados deste trabalho poderão orientar na resolução da lacuna. Por conseguinte, é essencial estabelecer a magnitude da infeção por CMV na gravidez utilizando instrumentos de imunodiagnóstico, de modo a orientar as políticas de rastreio e a justificar possíveis intervenções.

1.4 OBJECTIVOS E METAS

O objetivo do estudo é determinar a seroprevalência do CMV em mulheres grávidas que frequentam clínicas pré-natais em Jahun, estado de Jigawa -Nigéria

Este objetivo será alcançado através dos seguintes objectivos:

I. Determinar os anticorpos séricos CMV IgG e CMV IgM entre as mulheres grávidas da área de estudo.

II. Determinar a prevalência da infeção por CMV entre os indivíduos estudados.

III. Determinar os possíveis factores sócio-demográficos associados à prevalência de anticorpos contra a infeção por CMV em mulheres grávidas na área de estudo.

IV. Determinar a associação entre a presença de anticorpos contra o CMV e possíveis factores sócio-demográficos associados à transmissão

Capítulo 2

REVISÃO DA LITERATURA

2.1 INTRODUÇÃO

O citomegalovírus humano (HCMV) é um membro de uma família de 8 herpesvírus humanos (HHV) designados como HHV tipo 5 (schleiss, 2010). Pertence à subfamília Betaherpesvirinae e à família Herpesviridae. Outros membros da Betaherpesvirinae incluem os tipos 6 e 7 do HHV, que partilham características clínicas comuns com o CMV (Akhtar e Wills, 2011). O citomegalovírus partilha muitos atributos com outros herpesvírus, incluindo o genoma, as estruturas dos viriões e a capacidade de causar infeção latente e persistente. Tem um ADN de cadeia dupla com 162 capsómeros hexagonais rodeados por uma camada lipídica (Akhtar e Wills, 2011).

O HCMV possui o maior genoma de todos os herpesvírus (~240 pares de quilobases). A sua replicação é lenta, semelhante à obtida para o HSV com o aparecimento sequencial de produtos genéticos imediatos, precoces e tardios. As estirpes de CMV demonstram uma heterogeneidade genómica e fenotípica considerável, e a análise do ADN viral por endonuclease de restrição tem sido útil para distinguir as estirpes em termos epidemiológicos. Também foram observadas variações na antigenicidade, mas pensa-se que não têm significado clínico (Walter et al, 2001).

O citomegalovírus (CMV) está amplamente distribuído entre os seres humanos. Tal como outros vírus da família Herpesviridae, causa uma infeção primária e depois permanece latente no organismo. Apesar de causar uma infeção primária geralmente inofensiva, o CMV pode ser fatal para os doentes imunocomprometidos e pode causar danos fetais graves. Por isso, a infeção em mulheres grávidas assume grande importância (stagno et al, 1982)

O citomegalovírus é a causa mais comum de infeção intra-uterina, ocorrendo em 0,2% a 2,2% de todos os nados-vivos, e é uma causa comum de perda auditiva neurossensorial e atraso mental. (Pultoo et al, 2000).

Figura 2.1. Estrutura proposta para o citomegalovírus

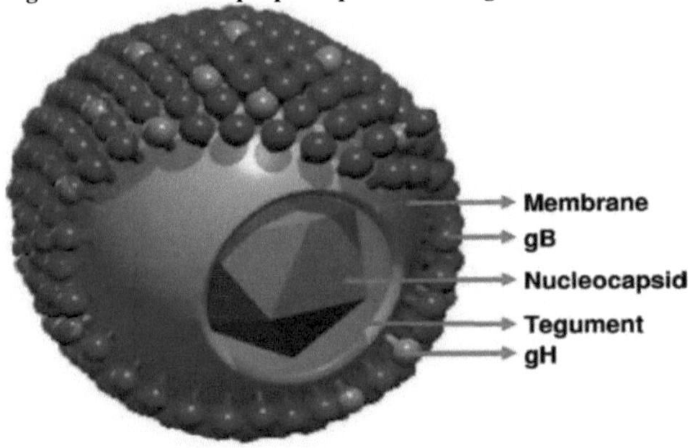

Adotado de Crough e Khanna, 2009.

2.2 TIPOS DE INFECÇÕES POR CMV

A infeção por CMV é classificada em formas primárias e não primárias de infeção

2.2.1 Infeção primária por CMV

T ste ocorre num indivíduo com aparecimento recente de anticorpos IgM anti-CMV específicos e que foi previamente confirmado como IgG anti-CMV negativo por ELISA (Revello et al, 2011).

2.2.2 Infeção por CMV não primária

A infeção por CMV não primária constitui uma infeção secundária e uma infeção recorrente.

a- Infeção secundária.

A infeção secundária é definida como a excreção intermitente do vírus na presença de imunidade do hospedeiro. Pode dever-se quer à reativação de um vírus endógeno quer à exposição a uma nova estirpe de vírus proveniente de uma fonte exógena. A diferenciação entre estes dois tipos de infeção secundária não é possível por serologia, mas apenas por análise molecular de isolados de vírus. (Gaytant et al, 2002; Yinon et al, 2010)

- Reinfeção;

Esta forma de infeção por CMV é definida como a deteção de uma nova estirpe de CMV que é distinta da que causou a infeção original do doente.

- **Reativação;**

Isto ocorre quando um indivíduo com história de seropositividade IgG desenvolve uma infeção ativa

a partir de estirpes que são consideradas indistinguíveis do CMV previamente infetado (Revello et al,

2011). A diferenciação destas formas de infeção secundária não é possível por serologia, mas apenas

por análise molecular de isolados de vírus. (Gaytant et al, 2002; Yinon et al, 2010)

b- Infeção recorrente por CMV.

A infeção recorrente por CMV ocorre quando os testes moleculares ou serológicos detectam uma

nova infeção por CMV num indivíduo que já tinha anticorpos IgG anti-CMV documentados há pelo

menos quatro semanas durante a vigilância ativa. A infeção pode resultar da reativação do CMV

latente (endógeno) ou da reinfeção por vírus exógeno (Revello et al, 2011).

2.3 MODO DE TRANSMISSÃO DA INFECÇÃO POR CMV.

A transmissão do CMV pode efetuar-se de forma vertical (intra-uterina, durante o parto ou pós-natal)

ou horizontal entre adultos.

Horizontalmente, o CMV é transmitido através do contacto pessoal próximo com pessoas que

excretam o vírus em fluidos corporais (por exemplo, saliva, urina, secreções cérvico-vaginais e

sémen), através de transplante de órgãos ou por transfusão de sangue (pass, 2001, Yeroh et al, 2015)

As mulheres grávidas podem transmitir o vírus ao feto em caso de infeção primária, de reativação de

uma infeção latente ou de uma infeção secundária (Wang et al, 2011).

Foi demonstrado que a transmissão da infeção ocorre de excretores assintomáticos para outras

crianças e, por sua vez, para pais seronegativos num estudo realizado em creches. Os adultos

infectados também excretam o vírus durante períodos prolongados após a infeção primária ou a

reativação da infeção latente, especialmente os imunocomprometidos. A infeção latente, que pode

residir nos leucócitos e nos seus precursores, pode ser transmitida por transfusão e transplante de

órgãos (Walter et al, 2001).

A transmissão do CMV ao feto e ao recém-nascido (verticalmente) pode ser in-utero, através da placenta, a partir da disseminação do sangue para o feto durante a viremia materna, ao nascimento, através da exposição a secreções cervicais e vaginais infectadas, e pós-natal, através da ingestão de saliva positiva para o CMV por beijo ou leite materno. Estas podem persistir até aos 18 meses de idade (Pass et al, 2006; Kenneson e Cannon, 2007; Hyde, 2014; Hyde et al, 2014). A infeção congénita também pode resultar da reativação na mãe com subsequente disseminação para o feto, mas tal infeção raramente conduz a anomalias congénitas devido à proteção desenvolvida no feto por anticorpos maternos transferidos passivamente (Walter et al, 2001).

2.4 PATOGÉNESE E IMUNOLOGIA DA INFECÇÃO POR CMV.

O CMV, também conhecido como herpesvírus humano 5 (HHV-5), pertence à família Herpesviridae e é um vírus envelopado com ácido desoxirribonucleico (DNA) de cadeia dupla (Syggelou et al, 2010; Schleiss, 2011; Naddeo et al, 2015). É capaz de infetar a maioria das células do corpo e atuar no citoplasma e no núcleo das células infectadas, formando corpos de inclusão (Schleiss, 2011; Naddeo et al, 2015).

O citomegalovírus infecta células epiteliais e leucócitos. In vitro, o ADN do CMV pode ser demonstrado em monócitos que não apresentam citopatologia, o que indica um potencial de crescimento restrito e, por conseguinte, latência. Histologicamente, são observadas inclusões nucleares nas células infectadas, dando-lhes um aspeto de "células em olho de coruja". Além disso, o CMV produz inclusões citoplasmáticas perinucleares e um aumento da célula denominado "citomegalia", uma propriedade que dá o nome ao vírus. Após a infeção primária pelo CMV, o vírus torna-se latente através de mecanismos de persistência e locais de latência não completamente compreendidos. Embora se suspeite que os leucócitos, especialmente os leucócitos mononucleares, contenham o vírus latente e sejam responsáveis pela transmissão do vírus através de transfusões de sangue e de extractos sanguíneos de leucócitos. Além disso, órgãos como os rins e o coração albergam o vírus, mas a célula exacta continua a ser conhecida (Walter et al, 2001).

A infeção primária é frequentemente silenciosa ou subclínica e, durante o período de uma infeção (primária ou secundária), o hospedeiro excreta partículas virais na urina, no sangue, no sémen e na saliva. Por conseguinte, as pessoas podem ser facilmente infectadas (incluindo as mulheres grávidas) através do contacto pessoa a pessoa, do contacto sexual ou da prestação de cuidados a crianças infectadas (Syggelou et al, 2010).

Quando o hospedeiro é exposto a situações de imunossupressão, como a gravidez, a quimioterapia, a síndrome de imunodeficiência adquirida, o transplante de órgãos, etc., o vírus pode reativar-se a partir do estado de latência e as células infectadas começam a eliminar o vírus infecioso (Boeck e Geballe, 2011). Os danos celulares parecem ser causados diretamente pela infeção lítica viral ou indiretamente pela resposta imunitária do hospedeiro. Um exemplo de dano celular resultante de um efeito citopático direto é a retinite em doentes com SIDA gravemente imunocomprometidos, em que a cegueira ocorre como resultado de uma infeção necrotizante pelo vírus. Por outro lado, a pneumonite por HCMV manifesta-se frequentemente em receptores de transplantes de órgãos com alterações histológicas subtis e sintomas clínicos potencialmente fatais. Ocorre uma inflamação extensa que é acompanhada por uma replicação viral ligeira, o que sugere que o mecanismo patológico primário resulta de uma lesão imunomediada (Walter et al, 2001).

Tanto a imunidade inata como a adquirida desempenham papéis virais sinérgicos na imunidade do hospedeiro contra a infeção pelo CMV (Crough e Khanna, 2009). A estimulação dos receptores do tipo Toll pelo CMV ativa as vias de transdução de sinal, que induzem a secreção de citocinas inflamatórias que recrutam células do sistema imunitário inato, e a regulação positiva de moléculas coestimuladoras como o CD80 e o CD86, que são importantes para a ativação da imunidade adaptativa (Boehme e Compton, 2004; Compton et al, 2003; Crough e Khanna, 2009). As células B activadas iniciaram a diferenciação e proliferação e a subsequente produção de IgM que tem como alvo o recetor gB envolvido na ligação e penetração celular, neutralizando assim o vírus (Britt et al, 1990). No decurso da infeção, as células B sofrem uma recombinação de troca de classe que leva à produção de IgG. A imunidade mediada por células é mediada pelas células T $CD4^+$ e $CD8^+$ e é o mecanismo predominante através do qual a replicação do CMV é controlada, com exceção da infeção congénita. A infeção grave por CMV ocorre quase exclusivamente em doentes com imunodeficiência celular profunda (Crough e Khanna, 2009).

Embora a resposta imunitária induzida pela infeção primária não erradique o vírus, é evidente que as células CD8$^+$ -T específicas do CMV e as células CD4$^+$ -T são todas importantes para controlar e restringir a replicação viral em hospedeiros com infeção persistente. (Crough e Khanna, 2009)

2.5 APRESENTAÇÃO CLÍNICA DA INFECÇÃO POR CMV

O citomegalovírus é geralmente uma infeção assintomática em indivíduos imunocompetentes, a doença sintomática manifesta-se geralmente como mononucleose infecciosa. Caracteriza-se por mal-estar, dor de cabeça, dor de garganta e fadiga. A febre também está frequentemente presente e pode persistir durante semanas em 98% dos casos de mononucleose por citomegalovírus. A linfadenopatia, a faringite e a esplenomegalia são observadas em 30% dos doentes com CMV (pass, 2001; Yeroh et al, 2015).

A seroconversão ocorre em 1% a 4% de todas as gravidezes e é mais elevada em mulheres com um baixo estatuto socioeconómico ou com uma higiene pessoal deficiente. (Hagay et al, 1996; hanshaw, 1995; Yinon et al, 2010)

Outras anomalias clínicas da infeção por CMV no hospedeiro normal incluem Guillain-Barré, retinite, trombocitopenia, ulceração gastrointestinal, hepatite e pneumonia (Schleiss, 2010).

Em alguns casos, há sintomas no nascimento que incluem parto prematuro, pequeno para a idade gestacional, iterícia, erupções cutâneas e dificuldades de alimentação (colungnati et al, 2007; Yeroh et al, 2015).

A perda auditiva neurossensorial (PANS), as convulsões, a coriorretinite, o atraso mental, os atrasos psicomotores e da fala, as dificuldades de aprendizagem e as perturbações da dentição são as consequências mais frequentes a longo prazo da infeção congénita por CMV (Fowler e Boppana, 2006).

Tabela 2.1. Resumo das características clínicas do CMV humano.

Categoria de pacientes	Apresentações clínicas

Indivíduo saudável	Frequentemente assintomática, mas pode apresentar-se com mononucleose com febre , mialgia, linfadenopatia, esplenomegalia.
Feto e bebé com infeção congénita	Icterícia, hepatoesplenomegalia, petéquias erupções cutâneas, microcefalia, hipertonia, convulsões, letargia
Doente com VIH/SIDA.	Retinite, enterocolite, esofagite, gastrite, vitrite de recuperação imunitária - inflamação do segmento posterior; pneumonite;
Receptores de transplantes de órgãos sólidos	Doença febril com leucopenia e mal-estar, pneumonite, enterocolite, esofagite ou gastrite; hepatite; retinite; outras doenças invasivas dos tecidos (nefrite, cistite, miocardite, pancreatite)
Receptores de células estaminais hematopoiéticas	Pneumonite; enterocolite, esofagite ou gastrite, raramente retinite, encefalite, hepatite.

2.6 PREVALÊNCIA DA INFECÇÃO POR CMV

A infeção pelo CMV tem uma distribuição endémica mundial sem variação sazonal (Revello et al, 2011). Embora o CMV esteja amplamente distribuído, a epidemiologia do CMV é diversa, uma vez que a sua transmissão está profundamente relacionada com condições sanitárias baixas e uma elevada densidade populacional.

Os inquéritos serológicos mostraram que as infecções por CMV estão virtualmente presentes em todas as populações que foram testadas (Okwori et al, 2008), com a seroprevalência entre as mulheres em idade reprodutiva a variar entre 45% nos países desenvolvidos e 100% nos países em desenvolvimento (Plosa et al, 2012)

Um inquérito serológico realizado em Londres revelou que 54,4% destas mulheres eram seropositivas para o CMV (Tookey et al, 1992; Yeroh et al, 2015). Num estudo comparativo realizado na Turquia para determinar a prevalência do CMV em relação a outras causas de infeção congénita, como o toxoplasma gondii e a rubéola, verificou-se que o CMV liderava em termos de prevalência, com uma seroprevalência de 96,4% e 0,7% para IgG e IgM, respetivamente (Tamer, 2009).

Em França, a seroprevalência obtida foi de 46,8% (Picone et al, 2009), que é semelhante à obtida na Finlândia e nos Estados Unidos da América, com uma seroprevalência de 56,3% (Alanen et al, 2005) e 60,0% (Staras et al, 2006), respetivamente.

Em países asiáticos como a Malásia, a seroprevalência de anticorpos IgG contra o CMV entre as mulheres grávidas foi de 84,0% (Saraswathy et al, 2001). Do mesmo modo, um estudo realizado em Khorramabad, no Irão, comunicou uma seroprevalência de 90,4% (Delfan-Beiranvand et al, 2011) Noutro estudo realizado em Israel para determinar a seroprevalência do CMV na população israelita parturiente, foi registada uma prevalência de 84,3% (Stein et al, 1997). Na China e na Coreia, a prevalência foi igualmente elevada, com uma seroprevalência de 95,6% (Meng et al, 2011) e 98,1% (Seo et al, 2009) para a China e a Coreia, respetivamente.

Também no Iémen, na Arábia Saudita, no Barém, no Iraque e na Palestina, a prevalência notificada foi muito elevada, com valores de 98,7% (Alghalibi et al, 2016), 92,1% (Ghazi et al, 2002), 100% (Al-Samawi et al, 2011), 100% (Al-Jurani et al, 2014) e 99% (Neirukh et al, 2013), respetivamente.

Foi referido que o continente africano tem a maior prevalência de anticorpos IgG contra o CMV. Foram comunicadas seroprevalências de 72,2% e 96,0% no Sudão Ocidental e no Egipto (Hamdan et al, 2011). Do mesmo modo, no Hospital da Maternidade de Omdurman, no Sudão, a seroprevalência foi registada como sendo de 97,5% e 6% para IgG e IgM, respetivamente (khairi et al, 2013).

Na Nigéria, um inquérito serológico realizado nos Estados de Bida-Níger, Lagos e Sokoto entre as mulheres grávidas revelou uma seroprevalência de 84,2%, 97,2% e 98,7%, respetivamente (Okwori et al, 2008; Akinbami et al, 2011; ahmad et al, 2011). Estes resultados mostram que o CMV está a aumentar na Nigéria. Num estudo semelhante realizado no estado de Kaduna, no centro-norte da Nigéria, obteve-se uma seroprevalência de 94,8% (Yeroh et al, 2015). Em Maiduguri, foram obtidas prevalências de 2,2% e 79,1% para IgM e IgG, respetivamente (Babayo et al, 2014). Foi obtida uma seroprevalência igualmente elevada de 96% noutro estudo realizado no sul da Nigéria (Ogbaini-Emovoni et al, 2013)

2.7 FACTORES ASSOCIADOS À INFECÇÃO POR CMV

A seroprevalência do CMV entre as mulheres varia com a localização geográfica, o estatuto socioeconómico e a ocupação (Awosere et al, 1999). A seroprevalência do CMV depende de múltiplos factores, incluindo o estatuto socioeconómico, a idade e a profissão (Betts, 1983). A seropositividade está correlacionada com o aumento da paridade, o nível socioeconómico mais baixo, a idade mais avançada, o número de parceiros sexuais e o estado do sistema imunitário, como o VIH, a quimioterapia para o cancro, o transplante de órgãos, etc. (Chandle et al, 1985).

Num estudo realizado nos Estados Unidos da América para determinar a seroprevalência do CMV, verificou-se que a idade era estatisticamente significativa para a prevalência do CMV (Bate et al, 2010)

Noutro estudo realizado no Iémen, a idade, a paridade, a idade gestacional, a profissão e o nível de escolaridade não foram associados à seroprevalência do CMV (Alghalibi et al, 2016). No Sudão, a seroprevalência foi associada à história de aborto espontâneo e à idade, mas não foi encontrada qualquer associação com a paridade, o nível de escolaridade e a profissão (khairi et al, 2013). No entanto, num estudo iraniano, não foi encontrada uma associação estatisticamente significativa com todos os factores sociodemográficos avaliados (Delfan-Beiranvand et al, 2011).

Num estudo realizado em Kafanchan, na Nigéria, a seroprevalência do CMV foi associada ao aumento da idade, no entanto, não foi encontrada uma associação estatisticamente significativa com a paridade, a ocupação e a idade gestacional (Deborah et al, 2015). Outro estudo realizado no sul da Nigéria para determinar o efeito da idade, paridade, idade gestacional e classe socioeconómica na prevalência do CMV, não encontrou significância estatística entre os factores e a prevalência (Ogbaini-Emovoni et al, 2013)

2.8 DETECÇÃO DA INFECÇÃO POR CMV

2.8.1 Diagnóstico da infeção pré-natal por CMV

O primeiro passo no diagnóstico pré-natal da infeção congénita por CMV é a determinação da infeção materna primária e secundária através de testes serológicos (Lazzarotto et al, 2000). É importante notar que a deteção do vírus no líquido amniótico, por si só, não determina se o feto vai apresentar sinais de infeção. O acompanhamento com ultra-sonografias é importante para observar se há alguma anormalidade no sistema nervoso central. Após o parto, é necessária uma avaliação otológica para investigar a deficiência auditiva, que é a sequela mais comum do CMV.

O método de referência para o diagnóstico da infeção fetal é a deteção do ADN viral através da reação em cadeia da polimerase (PCR) do líquido amniótico. Contudo, a amniocentese é um procedimento invasivo e só pode ser efectuado após as 18 semanas de gestação e (Boppana et al, 1992) semanas após a seroconversão, tempo que o feto demora a excretar o vírus através da urina (Benoist et al, 2013)

Por conseguinte, em mulheres com infeção comprovada por CMV, o segundo passo é identificar a infeção fetal através de testes pré-natais não invasivos (exame de ultra-sons) e invasivos (amniocentese) (Lazzarotto et al, 2000), conforme resumido na figura 1 abaixo.

Figura 2.2. Algoritmo para o diagnóstico pré-natal do CMV congénito

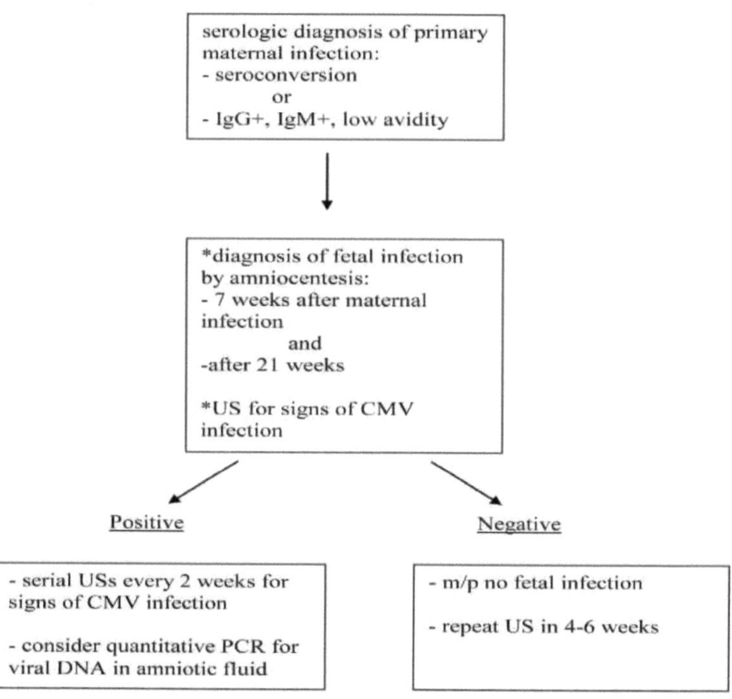

Adotado de Yinon et al, 2010. *US- Exame de ultrassom.

2.8.2 Diagnóstico da infeção materna por CMV

O diagnóstico de infeção primária por CMV é determinado quando se documenta a seroconversão, ou seja, o aparecimento de novo de IgG específica do vírus no soro de uma mulher grávida que era previamente seronegativa. No entanto, esta abordagem só é viável quando é adotado um programa de rastreio e as mulheres seronegativas são identificadas e monitorizadas prospectivamente (Revello e Gerna, 2002)

Quando o estado imunitário antes da gravidez é desconhecido, a determinação da infeção primária por CMV deve basear-se na deteção de anticorpos IgM específicos. No entanto, a IgM também pode ser detectada em 10% das infecções recorrentes e pode ser detectada durante meses após a infeção primária (Griffiths et al, 1982; Yinon et al, 2010). Por conseguinte, o grupo de mulheres designadas como CMV-IgM positivas pode incluir mulheres com infeção primária adquirida antes da gravidez e algumas mulheres com infecções recorrentes (Drew, 1988; Yinon et al, 2010).

Uma vez que a infeção primária é normalmente subclínica, é difícil determinar o seu início. Em casos com um diagnóstico duvidoso, recomenda-se a realização de um ensaio de avidez antigénica.

O teste de avidez do antigénio permite distinguir com êxito as infecções primárias das não primárias por CMV. A avidez é definida como a força agregada com que uma mistura de moléculas de IgG policlonais se liga a múltiplos epítopos antigénicos de proteínas (Hazell, 2007). Ao longo dos meses, amadurece gradualmente, reflectindo a seleção orientada por antigénios das células B que produzem IgG de afinidade crescente (Hyde, 2014). Os anticorpos IgG produzidos durante os primeiros meses após a infeção primária apresentam uma avidez baixa (ou seja, ligam-se fracamente ao antigénio), ao passo que os anticorpos produzidos até 6 meses após a infeção apresentam uma avidez elevada (Revello e Gerna, 2002).

2.9 TRATAMENTO E CONTROLO DA INFECÇÃO POR CMV

2.9.1 Tratamento da infeção por CMV

Apesar dos avanços no diagnóstico da infeção fetal por CMV, não existe uma terapia eficaz e a opção de interrupção da gravidez é frequentemente colocada quando a infeção fetal é detectada por ecografia ou amniocentese ou quando se determina ou suspeita que um feto está afetado (Yinon et al, 2010).

O tratamento das infecções congénitas é complexo e controverso. Os medicamentos antivirais disponíveis, como o ganciclovir, o cidofovir e o foscarnet, são habitualmente utilizados em doentes imunocomprometidos, mas a sua toxicidade (especialmente renal e hematológica) e os seus efeitos teratogénicos restringem a sua utilização durante a gravidez (Benoist et al, 2013).

Recentemente, um estudo piloto realizado em França avaliou a eficácia farmacológica do valaciclovir oral em casos de infeção congénita. O medicamento foi capaz de atingir níveis terapêuticos no sangue materno e fetal e também teve efeito sobre a carga viral no sangue fetal (Jacquemard et al, 2007; Naddeo et al, 2015). Embora o objetivo do estudo não fosse avaliar os efeitos terapêuticos, os seus resultados são encorajadores.

Um estudo italiano analisou a eficácia de um tratamento com globulina hiper-imune contra o CMV para a infeção primária materna pelo CMV, mostrando resultados promissores para a prevenção e o tratamento da infeção congénita, sem sinais de efeitos secundários (Benoist et al, 2013). O estudo também demonstrou que a globulina hiper-imune tem efeitos imunomoduladores que podem diminuir os efeitos patogénicos do CMV (Nigro et al, 2015; Naddeo et al, 2015)

2.9.2 Controlo da infeção por CMV

O objetivo final da prevenção da infeção congénita por CMV é desenvolver uma vacina, que seria administrada a mulheres seronegativas em idade fértil para prevenir a ocorrência de infeção primária por CMV durante a gravidez (Yinon et al, 2010).

Até estar disponível uma vacina eficaz, as recomendações para as mulheres grávidas seronegativas relativamente à infeção por CMV incluem a prática de uma boa higiene pessoal, como evitar o contacto íntimo com secreções salivares e urina de pessoas infectadas, lavar cuidadosamente as mãos depois de mudar as fraldas dos bebés e limpar as secreções (Adler et al, 1996; Yinon et al, 2010). Apesar do pressuposto de que a alteração dos comportamentos de proteção impede a transmissão do CMV de criança para mãe durante a gravidez, os estudos não demonstraram qualquer benefício dessa intervenção (Adler et al, 2004; Yinon et al, 2010). No entanto, os seus dados também demonstraram que a intervenção é mais eficaz durante a gravidez do que antes da gravidez, porque as mulheres grávidas estão mais motivadas para aderir às recomendações do que as mulheres não grávidas (Adler et al, 2007; Yinon et al, 2010)

Capítulo 3

MATERIAIS E MÉTODOS.

3.1 ÁREA DE ESTUDO E POPULAÇÃO

O estudo foi efectuado no Hospital Geral de Jahun. O Governo Local de Jahun está situado no estado de Jigawa, no Noroeste da Nigéria, a 120 040'N, 90 38'0'E, com uma massa terrestre de 1.172 km^2 e uma população de 229.094 habitantes, de acordo com o censo de 2006. O Hospital Geral de Jahun é a única unidade de saúde secundária da administração local e serve de centro de referência para a maioria das cidades vizinhas. O hospital é gerido pelo Ministério da Saúde do Estado em estreita colaboração com a organização francesa Médicos Sem Fronteiras (MSF). Os MSF estão presentes na Nigéria desde 1996 em Port Harcourt e no estado de Jigawa desde 2008 para prestar serviços de saúde materna gratuitos. Por esta razão, o hospital atraiu numerosos clientes de comunidades próximas e distantes.

As clínicas pré-natais funcionam de segunda a sexta-feira, com sessões de manhã e à noite. Na clínica são prestados serviços como educação para a saúde, exames de rotina, serviços profilácticos e imunizações.

A população do estudo incluiu todas as mulheres grávidas que frequentaram as clínicas de ANC no Hospital Geral de Jahun, no estado de Jigawa, de janeiro a março de 2017.

3.2 CONCEPÇÃO DO ESTUDO

O estudo foi um estudo descritivo transversal que envolveu todas as mulheres grávidas que frequentavam as clínicas de cuidados pré-natais no Hospital Geral de Jahun, no Estado de Jigawa.

3.3 APURAMENTO ÉTICO

Antes do início do estudo, foi obtida uma aprovação ética do Comité de Ética do Ministério da Saúde do Estado de Jigawa. Além disso, foi solicitado um consentimento informado a cada cliente antes do seu envolvimento. Os que não quiseram participar após explicação foram excluídos.

3.4 DETERMINAÇÃO DA DIMENSÃO DA AMOSTRA

O tamanho da amostra do estudo foi definido por uma fórmula epidemiológica proposta por

Sarmukaddam e Garad (2006): -.

$$\frac{Z\,Pq^2}{d^2}$$

Onde:

    n = dimensão mínima da amostra

    z = Ponto da curva de distribuição normal equivalente a 95%

       Intervalo de confiança =1,96

    p = Prevalência (0,948) obtida de um estudo anterior (Yeroh et al, 2015)

    q = Probabilidade complementar de p = (1-p) = 0,052

    d = Grau de exatidão ou margem de erro = 0,05

Substituindo estes valores na fórmula,

$$\frac{1.962X0.948(1-0.948)}{0.05^2} = 75.6$$

Com base no que precede, deveria ser analisado um mínimo de 76 amostras, mas, para permitir uma maior exatidão, foram analisadas 174 amostras.

3.5 RECOLHA DE AMOSTRAS

Foi utilizado um questionário semi-estruturado administrado pelo investigador para obter informações dos participantes que deram o seu consentimento. As informações obtidas incluem a idade das correspondentes, a idade gestacional, a paridade, o historial de abortos espontâneos e a situação matrimonial.

A amostra de sangue foi colhida de clientes autorizados sob condições assépticas rigorosas. Utilizando uma agulha de vacinação, foi utilizado um torniquete para elucidar as veias e, em seguida, o sangue foi colhido e transferido para um frasco plano.

As amostras colocadas no frasco plano foram deixadas a coagular. O sangue coagulado foi então transferido para uma máquina de centrifugação para obter o soro. O soro é então transferido para um novo frasco plano, utilizando uma pipeta descartável nova e separada para cada amostra, a fim de evitar a contaminação. A amostra separada foi então armazenada num congelador a -300C com a intenção de ser utilizada pelo menos sete dias após o dia da colheita.

3.6 ANÁLISE DE AMOSTRAS

3.6.1 Teste baseado no ELIZA para determinar os anticorpos IgM do CMV.

Princípio do teste

O kit de teste CMV IgM Enzyme immunoassay (EIA) é um imunoensaio enzimático de fase sólida baseado no princípio da imunocaptura para a deteção qualitativa de anticorpos IgM para CMV em soro ou plasma humanos. A placa de micropoços é revestida com anticorpos IgM anti-humanos. Durante o teste, o diluente da amostra e as amostras são adicionados à placa de micropoços revestida com anticorpos e depois incubados. Se a amostra contiver anticorpos IgM para CMV, ligar-se-á ao anticorpo revestido na placa de micropoços para formar complexos imobilizados de anticorpos IgM anti-humanos e anticorpos IgM para CMV. Após a incubação inicial, a placa de micropoços é lavada para remover os materiais não ligados. Os antigénios recombinantes do CMV conjugados com a enzima são adicionados à placa de micropoços e depois incubados. Os antigénios recombinantes do CMV conjugados com enzimas ligar-se-ão aos anticorpos IgM anti-vírus humano, não se formando complexos. Após a segunda incubação, a placa de micropoços é lavada para remover os materiais não ligados.

Adiciona-se o substrato A e o substrato B e incuba-se para produzir uma cor azul que indica a quantidade de anticorpos CMV IgM presentes nas amostras. Adiciona-se uma solução de ácido sulfúrico à placa de micropoços para parar a reação, produzindo uma mudança de cor de azul para amarelo. A intensidade da cor, que corresponde à quantidade de anticorpos IgM do CMV presentes nas amostras, é medida com um leitor de microplacas a 450/630-700nm ou 450nm.

Determinação de anticorpos IgM

A IgM foi determinada utilizando o guia do fabricante.

Os reagentes e os seus componentes encontram-se no apêndice 1.

Preparação do tampão de lavagem de trabalho

* O tampão de lavagem concentrado fornecido juntamente com o kit foi diluído com água destilada numa proporção de 1:25.

* Para o efeito, verter 50 ml de tampão de lavagem concentrado para uma proveta graduada. Em seguida, verter água destilada até 1250 ml da proveta para obter a diluição acima referida.

* O tampão de lavagem de trabalho preparado é para os 96 poços/placa

Protocolo para a determinação de anticorpos IgM a partir de amostras

1- O tampão de lavagem de trabalho foi preparado como acima indicado

2- O poço A1 foi deixado em branco

3- Foram adicionados 100pL de controlo negativo aos poços B1 e C1 utilizando uma micropipeta

4- Foram adicionados 100 pL de calibrador de limiar aos poços D1 e E1

5- Foram adicionados 100pL de controlo positivo aos poços F1 e G1

6- Adicionou-se 100pL de diluente de espécime aos restantes alvéolos, começando por H1

7- Adicionou-se 5 pL de amostra (soro do cliente) a cada poço previamente introduzido com os diluentes de amostra acima e misturou-se agitando suavemente a placa de micropoços numa bancada plana durante 30 segundos.

8- A placa de micropoços foi então coberta com um selador de placas e incubada a 37^0 C durante 30 minutos

9- O selador de placa foi então removido após a incubação e a placa foi lavada com uma máquina de lavar 5 vezes com 350pL de tampão de lavagem de trabalho.

10- Após a lavagem, a placa de micropoços foi colocada de cabeça para baixo sobre um tecido absorvente para permitir a secagem.

11- Foram adicionados 100 pL de conjugado a todos os poços, com exceção do poço do branco.

12- A placa de micropoços foi novamente coberta com o selador de placas e incubada pela segunda vez a 37^0 C durante 30 minutos.

13- Os passos 9 e 10 foram repetidos.

14- Foram adicionados 50 pL de cada substrato A e B a cada poço e misturados suavemente, sendo depois cobertos com o selador de placas e incubados a 37^0 C durante 30 minutos

15- Após a terceira incubação, o selador da placa foi então removido com a adição subsequente de 5pL de solução de paragem a cada poço.

16- A placa foi então lida num leitor de placas a 450 nm, obtendo-se a absorvância de cada poço.

O mesmo procedimento foi repetido para a segunda placa de determinação de IgM 2

Interpretação dos resultados

As tabelas 7 e 8 resumem a absorvância de cada amostra (começando com o último S) e as interpretações qualitativas [negativa (-) ou positiva (+)] seguindo uma série de cálculos fornecidos pelo manual/guia do fabricante.

Cálculo da absorvância média do kit IgM 1.

O cálculo da absorvância média da placa IgM 1 é ilustrado no quadro 3.1 abaixo

Quadro 3.1.

Item	Absorvância média	Resultados
Absorvância média do calibrador de corte (MACO)	$\dfrac{D1 + E1}{2}$	0.3165
Absorvância média de Controlo negativo (MANC)	$\dfrac{B1 + C1}{2}$	0.0355

| Absorvância média de Controlo positivo (MAPC) | $\dfrac{F1 + G1}{2}$ | 2.7375 |

Cálculo da absorvância média do kit IgM 2.

O cálculo da absorvância média da IgM é ilustrado na tabela 3.2 abaixo.

Tabela 3.2.

Artigo	Absorvância média	Resultados
Absorvância média do calibrador de corte (MACO)	$\dfrac{D1 + E1}{2}$	0.3165
Absorvância média de Controlo negativo (MANC)	$\dfrac{B1 + C1}{2}$	0.0355
Absorvância média de Controlo positivo (MAPC)	$\dfrac{F1 + G1}{2}$	2.7375

Requisitos de validade e controlo de qualidade para o kit IgM 1. No quadro 3.3 infra

Tabela 3.3.

Artigo	Requisito de validade	Calculado	Observação
Poço em branco	Absorvância do branco (BA) lido a 450nm	0.038	Válido
Calibrador de corte	MACO - BA deve ser >0,150	0.2785	Válido
Controlo negativo	MANC - BA deve ser < 0,150	0.0025	Válido
Controlo positivo	MAPC - BA deve ser >0,500	2.6995	Válido

Requisitos de validade e controlo de qualidade do kit IgM 2. No quadro 3.4 infra.

Tabela 3.4.

Artigo	Requisito de validade	Calculado	Observação
Poço em branco	Absorvância do branco (BA) lido a 450nm	0.045	Válido
Calibrador de corte	MACO - BA deve ser >0,150	0.305	Válido
Controlo negativo	MANC - BA deve ser < 0,150	0.126	Válido
Controlo positivo	MAPC - BA deve ser >0,500	0.126	Válido

Tendo satisfeito todos os parâmetros, o teste é considerado válido e, por conseguinte, fiável

Calcular a qualidade da IgM em cada amostra testada utilizando a absorvância obtida.

Etapa 1- Uma vez que o teste é válido, o valor-limite (COV) seria obtido subtraindo BA de MACO.

BA da tabela de absorvância da placa IgM 1 é 0,038

Ou seja, COV = MACO - BA

COV= 0,2785- 0,038= 0,2785

Passo 2- O valor do índice (IV) foi igualmente calculado dividindo a absorvância do espécime (SA) pelo COV.

Por exemplo, para a amostra 89 (S-89) no apêndice 2, na posição H1 com absorvância de 0,069, IV é;

$$IV= \frac{SA}{COV}= 0,2477.$$ Daí que

negativo (-), de acordo com a tabela abaixo. Os mesmos passos foram efectuados para

todas as amostras nos apêndices 2 e 3 para obter a interpretação qualitativa.

Interpretação; os cálculos seguintes e os valores obtidos para IV, a comparação é feita com a tabela

3.5 infra para determinar se o resultado é positivo, negativo ou equívoco.

Tabela 3.5.

Resultados	Qualitativo (valor do índice)
Negativo	<0.9
Positivo	>1.1
Equívoco	> 0,9 e < 1,1

3.6.2 Teste baseado no ELIZA para determinação de anticorpos IgG anti-CMV

Princípio do teste

O kit de teste CMV IgG EIA é um imunoensaio enzimático de fase sólida baseado no princípio indireto para a deteção qualitativa e quantitativa de anticorpos IgG contra o CMV no soro ou plasma humanos. A placa de micropoços é revestida com o antigénio do CMV. Durante o teste, o diluente da amostra e a amostra são adicionados à placa de micropoços revestida com o antigénio e incubados. Se a amostra contiver anticorpos IgG contra o CMV, ligar-se-á aos antigénios revestidos na placa de micropoços, formando complexos imobilizados de anticorpos IgG antigénio-CMV. Se as amostras não contiverem anticorpos IgG contra o CMV, os complexos não se formarão. Após a incubação inicial, a placa de micropoços é lavada para remover os materiais não ligados. Os anticorpos IgG anti-humanos conjugados com enzima são adicionados à placa de micropoços e depois incubados. Os anticorpos IgG anti-humanos conjugados com enzimas ligar-se-ão aos complexos de anticorpos IgG anti-CMV imobilizados presentes. Após a segunda incubação, a placa de micropoços é lavada para remover os materiais não ligados. Adiciona-se o Substrato A e o Substrato B e incuba-se para produzir uma cor azul que indica a quantidade de anticorpos IgG anti-CMV presentes nas amostras. Adiciona-se então uma solução de ácido sulfúrico à placa de micropoços para parar a reação, produzindo uma mudança de cor de azul para amarelo. A intensidade da cor, que corresponde à quantidade de anticorpos IgG do CMV presentes nas amostras, é lida a 450nm.

Os reagentes e componentes encontram-se no Apêndice 4

Preparação do tampão de lavagem de trabalho

Foi utilizado o mesmo procedimento na preparação do tampão de lavagem de trabalho IgM.

Protocolo para a determinação de anticorpos IgG a partir de amostras.

1- O tampão de lavagem de trabalho foi preparado como acima indicado

2- O poço A1 foi deixado em branco

3- Adicionaram-se 100pL de Calibrador1 aos poços B1 e C1 com uma micropipeta

4- Adicionou-se 100 pL de Calibrador2 aos poços D1 e E1

5- Adicionou-se 100pL de Calibrador3 aos poços F1 e G1

6- Adicionou-se 100pL de Calibrador3 aos poços H1 e A2

7- Adicionou-se 100 pL de diluente de espécime aos restantes poços, começando em B2. Os restantes passos 8-17 são os mesmos que os passos 7-16 da determinação de IgM acima.

Cálculo da absorvância média da placa IgG 1; no quadro 3.6 infra.

Tabela 3.6.

Artigo	Absorvância média	Resultados
Absorvância média de Calibrador 1 (MAC1)	$\dfrac{B1 + C1}{2}$	0.0495
Absorvância média de Calibrador 2(MAC2)	$\dfrac{D1 + E1}{2}$	0.2415
Absorvância média de Calibrador 3 (MAC3)	$\dfrac{E1 + G1}{2}$	0.7255
Absorvância média de Calibrador 4 (MAC4)	$\dfrac{H1 + A2}{2}$	2.0655

Cálculo da absorvância média da placa IgG 2; no quadro 3.7 infra.

Quadro 3.7

Item	Absorvância média	Resultados

Absorvância média de Calibrador 1 (MAC1)	$\dfrac{B1 + C1}{2}$	0.0495
Absorvância média de Calibrador 2 (MAC2)	$\dfrac{D1 + E1}{2}$	0.420
Absorvância média de Calibrador 3 (MAC3)	$\dfrac{E1 + G1}{2}$	0.954
Absorvância média de Calibrador 4 (MAC4)	$\dfrac{H1 + A2}{2}$	2.1495

Requisitos de validade e controlo de qualidade para o kit IgG 1. Como no quadro 3.8 abaixo
Tabela 3.8.

Artigo	Requisito de validade	Calculado	Observação
Poço em branco	BA < 0,100	0.04	Válido
Calibrador 1	MAC1-BA <0,150	0.0095	Válido
Calibrador 2	MAC2-BA > 0,150	0.2015	Válido
Calibrador 3	MAC3-BA > Calibrador 2 < Calibrador 4	0.6855	Válido
Calibrador 4	MAC4-BA>1.200	2.0255	Válido

Requisitos de validade e controlo de qualidade para o kit IgG 2. Como no quadro 3.9 abaixo
Tabela 3.9.

Item	Requisito de validade	Calculado	Observação
Poço em branco	BA < 0,100	0.074	Válido
Calibrador 1	MAC1-BA <0,150	-0.0245	Válido
Calibrador 2	MAC2-BA > 0,150	0.0345	Válido
Calibrador 3	MAC3-BA > Calibrador 2 < Calibrador 4	0.880	Válido
Calibrador 4	MAC4-BA>1.200	2.0755	Válido

Calcular a qualidade da IgG em cada amostra testada utilizando a absorvância obtida.

Passo 1- Uma vez que o teste é válido, o valor-limite (COV) seria obtido subtraindo BA de

Absorvância média do calibrador 2 (MAC2)

BA da tabela de absorvância da placa de IgG 1 é 0,04

Ou seja, COV = MAC2 - BA

COV= 0,2415- 0,04= 0,2015

Passo 2- O valor do índice (IV) foi igualmente calculado dividindo a absorvância do espécime (SA) pelo COV.

Por exemplo, para a amostra 1 (S-1) no apêndice 5 na posição B2 com uma absorvância de 1,98, IV é;

IV= COV = 9,826. Por conseguinte, positivo (+), com base no quadro 15 abaixo. Os mesmos

passos foram efectuados para todos os

Resultados	Qualitativo (valor do índice)
Negativo	<0.9
Positivo	>1.1
Equívoco	> 0,9 e < 1,1

amostras nos Apêndices 5 e 6 para obter a interpretação qualitativa.

Interpretação.

Tabela 3.10.

3.7 ANÁLISE DE DADOS

Os dados obtidos foram analisados utilizando o Microsoft e o SPSS. A idade, a idade gestacional, a paridade, o tipo de casamento, a história de abortos espontâneos e os tipos de infeção foram resumidos em tabelas. O teste do qui-quadrado foi utilizado para testar a associação entre os dados sociodemográficos e a prevalência de IgM/IgG/prevalência específica de CMV, com um valor <0,05 considerado significativo.

Capítulo 4

RESULTADOS E DISCUSSÕES.

4.1 RESULTADOS.

4.1.1 Características sociodemográficas.

Cento e setenta e quatro mulheres grávidas foram submetidas a um rastreio de anticorpos contra o CMV. Tabela

4.1 apresenta as suas características sociodemográficas. A idade média foi de 25,4 ± (DP) 5,1, com uma variação de 15 a 45 anos. Noventa e três (53,4 %) tinham entre 15-24 anos, enquanto apenas 22 (12,6%) tinham mais de 35 anos. Cinqüenta e nove (33,9%) se enquadravam na categoria de 25-34 anos. Mais de metade das utentes estava no segundo trimestre de gravidez (54,6%), sessenta e sete (38,5) estavam no terceiro trimestre, enquanto apenas algumas (6,9%) se enquadravam na categoria do primeiro trimestre de gravidez. A maioria das utentes era multípara (61,5%), das quais trinta e seis (20,7%) estavam grávidas pela primeira vez e trinta e uma (17,8) estavam na segunda gravidez. Cento e vinte e cinco (71,8) delas nunca tiveram abortos espontâneos no passado, quarenta e três (24,7) tiveram um único episódio de aborto espontâneo no passado, enquanto apenas seis (3,4%) delas tiveram pelo menos dois abortos espontâneos no passado. Noventa e duas delas vivem num ambiente poligâmico, enquanto oitenta e duas vivem num ambiente monogâmico.

Tabela 4.1. Características sociodemográficas das gestantes (n=147).

Características	Número	Percentagem
Grupo etário		
15-24	93	53.4
25-34	59	33.9
Acima de 35	22	12.6
Idade gestacional		
1st trimestre	12	6.9
2nd trimestre	93	54.6
3rd trimestre	67	38.5
Paridade		
Nullipara	36	20.7
Primipara	31	17.8
Multipara	107	61.5
História de aborto		
Nenhum	125	71.8
Uma vez	43	24.7
Pelo menos duas vezes	6	3.4
Enquadramento do casamento		
Monogamia	82	47.1
Poligamia	92	52.9

4.1.2 Categorias de infeção por CMV e seroprevalência global.

O quadro 4.2 apresenta os resultados dos ensaios serológicos. Estes foram categorizados em 4 tipos de respostas. A primeira categoria era imune ao CMV [IgG (+) mais IgM (-)]. Este grupo constituía 58,6% das mulheres. O segundo grupo foi o das mulheres com infeção secundária [IgG (+) mais IgM (+)] e este consistiu em quarenta e três (24,7%) inquiridas. O terceiro grupo também tinha sete mulheres com infeção primária recente [IgG (-) mais IgM (+)]. A última categoria é constituída por vinte e duas (12,6%) mulheres seronegativas [IgG (-) mais IgM (-)],

A seroprevalência é de 87,4%, consistindo em todas as mulheres grávidas que são seropositivas.

Tabela 4.2. Seroprevalência de anticorpos IgG e IgM específicos para CMV e categorização da infeção em mulheres grávidas (n=174).

Resposta imunitária	Número	Percentagem	Interpretação
IgG(+) IgM(-)	103	58.62	Exposição anterior
IgG(+)IgM(+)	43	24.71	Infeção não primária
IgG(-)IgM(+)	7	4.02	Infeção primária
IgG(-)IgM(-)	22	12.02	Suscetível
Prevalência	152	87.4	Infeção total

4.1.3 Associação entre IgM específica para CMV e factores sociodemográficos.

A Tabela 4.3 mostra a relação entre a IgM específica para CMV e as correspondentes idades, idade gestacional, paridade, situação conjugal e história de aborto espontâneo. Considerando um valor de p <0,05 como nível de significância, não houve associação estatisticamente significativa entre a IgM específica para CMV e nenhuma das características sociodemográficas listadas.

Tabela 4.3. Comparação da IgM específica para CMV por factores sociodemográficos (n=174)

	IgM específica para CMV			
Características	Positivos	Negativos	Total	Valor de p
Grupo etário				
15-24	29(31.1)	64(68.8)	93(53.5)	
25-34	12(20.3)	47(79.7)	59(33.9)	2.154
Acima de 35	6(27.3)	16(72.7)	22(12.6)	
Idade gestacional				
1st trimestre	1(8.3)	11(91.7)	12(6.9)	
2nd trimestre	24(25.3)	71(74.7)	95(54.6)	3.424
3rd trimestre	22(32.8)	45(67.2)	67(38.5)	

Paridade

Nullipara	11(30.6)	25(69.4)	36(20.7)	
Primipara	6(19.4)	25(80.6)	31(17.8)	1.208
Multipara	30(28.0)	77(72.0)	107(61.5)	

História de aborto

Nenhum	33(26.4)	92(73.6)	125(71.8)	
Uma vez	13(30.2)	30(69.8)	43(24.7)	0.576
Pelo menos duas vezes	1(16.7)	5(83.3)	6(3.4)	

Enquadramento do casamento

Monogamia	23(28.0)	59(72.0)	82(47.1)	0.085
Poligamia	24(26.1)	68(73.9)	92(52.9)	

4.1.4 Associação entre IgG específica para CMV e factores sociodemográficos.

A Tabela 4.4 mostra a relação entre a IgG específica para CMV e os correspondentes de idade, idade gestacional, paridade, situação conjugal e história de aborto espontâneo. Considerando um valor de p <0,05 como nível de significância, houve, portanto, uma associação estatisticamente significativa (p=0,018) entre a IgM específica para CMV e o tipo de casamento. No entanto, não houve associação estatisticamente significativa entre a IgG específica para CMV e outros factores sociodemográficos.

Tabela 4.4. Comparação da IgG específica para CMV por factores sociodemográficos (n=174)

	IgG específica para CMV			
Características	Positivos	Negativos	Total	Valor de p
Grupo etário				
15-24	81(87.1)	12(12.9)	93(53.5)	
25-34	46(78.0)	13(22.0)	59(33.9)	2.208
Acima de 35	18(81.8)	4(18.2)	22(12.6)	
Idade gestacional				
1st trimestre	9(75.0)	3(25.0)	12(6.9)	

2nd trimestre	78(82.1)	17(17.9)	95(54.6)	1.208
3rd trimestre	58(86.6)	9(13.4)	67(38.5)	
Paridade				
Nullipara	30(83.3)	6(16.7)	36(20.7)	
Primipara	24(77.4)	7(22.6)	31(17.8)	1.007
Multipara	91(85.0)	16(15.0)	107(61.5)	
História de aborto				
Nenhum	105(84.0)	20(16.0)	125(71.8)	
Uma vez	35(81.4)	8(18.6)	43(24.7)	0.156
Pelo menos duas vezes	5(83.3)	1(16.7)	6(3.4)	
Enquadramento do casamento				
Monogamia	68(82.9)	14(17.1)	82(47.1)	0.018
Poligamia	77(83.7)	15(16.3)	92(52.9)	

4.2 DISCUSSÃO.

O CMV é um dos parasitas humanos mais bem sucedidos. Sobrevive no seu hospedeiro humano infectando tanto verticalmente como horizontalmente.

A seroprevalência global da infeção por CMV entre as mulheres grávidas neste estudo foi de 87,4%. Enquanto 58,6% dos indivíduos eram imunes, 4% tinham infeção primária, 24,7% tinham infeção secundária e 12,6% eram vulneráveis à infeção.

A deteção de CMV IgG indicou que as grávidas tinham sido previamente infectadas com CMV. Após a infeção por CMV, a IgG permanece no corpo para toda a vida e protege consideravelmente contra as infecções seguintes. Isto indica que um resultado negativo do teste CMV IgG significa que as mulheres não foram infectadas com o vírus. A seroprevalência do CMV observada neste estudo foi quase semelhante aos resultados obtidos na maioria dos países em desenvolvimento. Os relatórios de seroprevalência do CMV mostraram 96,4% na Turquia (Tamer et al., 2009), 84,0% na Malásia

(Saraswathy et al., 2001), 98,1% na Coreia (Seo et al., 2009) e 95,6% na China (Meng et al., 2011).

O resultado é particularmente semelhante aos obtidos na maior parte da Nigéria; 84,2% em Bida, no centro-norte da Nigéria (Okwori et al, 2008), 97,2% em Lagos, no sudoeste da Nigéria (Akinbami et al, 2011), 79,1% para a IgG em Maiduguri, no nordeste da Nigéria (Babayo et al, 2014) e 98,7%, 94,8% em Sokoto (Ahmed et al, 2011) e Kaduna (Yeroh et al, 2015), no noroeste da Nigéria, respetivamente. No entanto, os resultados deste estudo foram superiores aos relatados por Picone et al., (2009) em França (46,8%), Alanen et al. (2005) na Finlândia (56,3%), e Staras et al. (2006) nos Estados Unidos (60,0%).

As diferenças na prevalência da infeção materna pelo CMV entre os países desenvolvidos e os países em desenvolvimento podem refletir os padrões de higiene relativamente baixos e as práticas culturais que podem favorecer a transmissão do CMV nos países em desenvolvimento. É provável que, nos países desenvolvidos, as mulheres grávidas estejam geralmente mais informadas sobre as boas práticas de higiene, como a lavagem das mãos, o que reduz o risco de contrair a infeção por CMV. A baixa prevalência de anticorpos IgM observada neste estudo deve-se possivelmente ao facto de a maioria das mulheres ter recuperado da infeção primária, com perda de IgM, quando atingem a idade fértil.

Embora a prevalência da infeção primária entre as mulheres grávidas seja baixa, estas constituem um grupo crítico, uma vez que o risco de infeção congénita pelo CMV é muito mais elevado durante a infeção primária na mãe (Malm e Engman, 2007).

Neste estudo, os resultados mostraram uma correlação insignificante entre os anticorpos IgM/IgG com a idade das correspondentes, a idade gestacional, a história de aborto espontâneo e a paridade (P > 0,05). (2010) nos Estados Unidos, que demonstraram uma associação com a idade e não com outros factores, khairi et al (2013) no Sudão, que demonstraram uma associação entre anticorpos e idade, história de aborto apenas, mas não com outros factores, e Deborah et al (2015) na Nigéria, que demonstraram uma relação entre os anticorpos IgM e a idade, mas não com outros factores. O facto de não haver diferenças relacionadas com a idade das mulheres indica o mesmo comportamento das correspondentes em diferentes idades.

O resultado está, no entanto, em conformidade com o obtido no Irão (Delfan-Beiranvand et al, 2011), no Iémen (Alghalibi et al, 2016) e no Sul da Nigéria (Ogbaini-Emovoni et al, 2013). Tendo em conta as práticas sociais e culturais da área de estudo, a questão da poligamia na transmissão de doenças infecciosas pode ser significativa. Neste estudo, verificou-se que o contexto do casamento está significativamente associado à presença de anticorpos IgG (p= 0,018). Isto pode ser visto em termos de múltiplos parceiros sexuais que favorecem a transmissão da infeção por CMV.

RESUMO, CONCLUSÕES E RECOMENDAÇÕES

RESUMO

O inquérito foi um estudo descritivo transversal, combinando a utilização de um questionário estruturado e a análise de amostras de soro obtidas de 174 mulheres grávidas saudáveis que frequentavam o ANC no Hospital Geral de Jahun. As amostras de soro foram analisadas para deteção de anticorpos IgG e IgM contra o CMV através do Enzyme-linked immunosorbent assay (ELIZA). Das 174 mulheres grávidas saudáveis, 152 (87,4%) eram seropositivas para, pelo menos, imunoglobulina M ou imunoglobulina G contra o CMV. Enquanto 102 (58,6%) eram seropositivas para a imunoglobulina G (IgG), 7 (4%) eram seropositivas para os anticorpos anti-CMV da imunoglobulina M (IgM), enquanto 43 (24,7%) eram seropositivas tanto para a imunoglobulina G (IgG) como para a imunoglobulina M (IgM). Verificou-se uma associação estatisticamente significativa entre a positividade para o CMV e a situação matrimonial (p=0,018), mas não foi demonstrada uma associação estatisticamente significativa com a idade, a idade gestacional, a paridade e a história de aborto espontâneo (valor de p <0,05).

5.1 CONCLUSÃO

A seroprevalência de anticorpos contra o CMV entre as mulheres grávidas no Hospital Geral de Jahun foi de 87,4% para, pelo menos, IgG ou IgM, o que sugere uma elevada prevalência e risco de exposição do feto a anomalias congénitas na área de estudo.

5.2 RECOMENDAÇÃO.

1. Deve ser efectuado um inquérito a nível nacional sobre a seroprevalência do CMV entre as mulheres grávidas para orientar uma eventual política de rastreio de todas as mulheres grávidas, no âmbito dos cuidados pré-natais, podendo ser oferecida uma intervenção informada às mulheres seropositivas.

2. As mulheres seronegativas identificadas durante o rastreio devem ser aconselhadas sobre as medidas preventivas adequadas, como a lavagem das mãos, e a evitar práticas como o beijo e a partilha de alimentos com crianças.

3. É necessário desenvolver uma vacina, que seria administrada a mulheres seronegativas em idade fértil para prevenir a ocorrência de infeção primária por CMV durante a gravidez.

É necessário realizar mais estudos na área de estudo para determinar os conhecimentos dos profissionais de saúde, especialmente na maternidade, no que diz respeito ao CMV e ao papel de factores como a ordem de casamento na transmissão da infeção pelo CMV.

REFRÊNCIAS

Adler SP, Finney JW, Manganello AM, Best AM (1996). Prevenção da transmissão do citomegalovírus de criança para mãe através da mudança de comportamentos: um ensaio aleatório controlado. *Pediatr Infect Dis J.* 15:240-6.

Adler SP, Finney JW, Manganello AM, Best AM (2004). Prevenção da transmissão de citomegalovírus de criança para mãe entre mulheres grávidas. J Pediatr. 145:485-91.

Adler SP, Nigro G, Pereira L (2007). Avanços recentes na prevenção e tratamento das infecções congénitas por citomegalovírus. *Semin Perinatol.* 31:10-8.

Ahmad, RM, Kawo,AH, Udeani,TKC, et al(2011). Seroprevalência de anticorpos contra o citomegalovírus em mulheres grávidas que frequentam dois hospitais seleccionados no estado de Sokoto, no norte da Nigéria. *Bayero Journal of Pure and Applied Science.* 4(1):63-66

Akhter K e Wills T S (2011). Citomegalovírus. *eMedicine Infectious Diseases.* www.eMedicineMedscape.com/Infectious doença viral 13/01/2017

Akinbami, AA, Rabiu, KA, Adewunmi, AA, et al (2011). Seroprevalência de anticorpos contra o citomegalovírus entre mulheres grávidas normais na Nigéria. *International J. of Women's Health.* 3: 423-428.

Alanen A, Kahala K, Vahlberg T, Koskela P, Vainionpaa R (2005). Seroprevalência, incidência de infecções pré-natais e fiabilidade da história materna do vírus da varicela zoster, citomegalovírus, herpes

Alford CA, Stagno S, Pass RF, Britt WJ.(1990) Congenital and perinatal cytomegalovirus infections. *Rev Infect Dis.* 12(Suppl 7):S745-53.

Alghalibi SMS, Abdullahi QYM, Al-Arnoot S, Al-Thobhani A (2016). Seroprevalência de citomegalovírus entre mulheres grávidas no Iémen. J Hum Virol Retrovirol. 3(5): 00106

Awosere KE, Arinola OG, Uche LN (1999). Seroprevalência do vírus da hepatite B entre mulheres grávidas no University College Hospital, Ibadan. J. Med. Lab. Sci. 8:77-82.

Babayo, A.; Thairu, Y.; Nasir, I.A.; Baba, M.M.(2014) Evidência serológica e factores de risco sociodemográficos de infeção recente por citomegalovírus entre mulheres grávidas que frequentam um hospital terciário em Maiduguri, *Nigéria. J. Med. Microbiol. Infect.* Dis. 2, 4955

Bate SL, Dollard SC, Cannon MJ (2010). Seroprevalência do citomegalovírus nos Estados Unidos: os inquéritos nacionais sobre saúde e nutrição, 1988-2004. *Clin. Infect. Dis.* 50(11):1439-1447.

Benoist G, Leruez-Ville M, Magny JF, Jacquemard F, Salomon LJ, Ville Y (2013). Gestão de gestações com infeção fetal confirmada por citomegalovírus. *Fetal Diagn Ther.* 33(4): 203-14.

Bernice, OA (2008). Cegueira por descolamento bilateral da retina bolhosa: Tragédia de uma família nigeriana. *J. of Afr Health Sc.8* (1):50-53.

Betts RF (1983). Epidemiologia e biologia da infeção por CMV em adultos Semin Perinatol. 7: 22-30.

Boeck M, Geballe AP (2011). Citomegalovírus: patógeno, paradigma e quebra-cabeça. *J Clin Invest.* 121(5): 1673-80.

Boehme, K. W., e T. Compton. (2004). Deteção inata de vírus por receptores do tipo Toll. J. Virol. 78:7867-7873.

Boppana SB, Britt WJ. (1995). Antiviral antibody responses and intrauterine transmission after primary maternal cytomegalovirus infection. *J. Infect. Dis.* 171:1115-1121. http://dx.doi.org/10.1093/infdis/171.5.1115

Boppana SB, Pass RF, Britt WK, Stagno S, Alford CA (1992). Infeção congénita sintomática por citomegalovírus: morbilidade e mortalidade neonatal. *Pediatr Infect Dis J.* 11: 939. PubMed PMID: 1311066.

Britt, W. J., L. Vugler, E. J. Butfiloski, e E. B. Stephens. (1990). Expressão da superfície celular da gp55-116 (gB) do citomegalovírus humano (HCMV): utilização de células infectadas com o vírus da vaccinia recombinante do HCMV na análise da resposta de anticorpos neutralizantes humanos. J. Virol. 64:1079-1085.

Chandler SH, Alexander ER, Holmes KK (1985). Epidemiologia da infeção por CMV numa população heterogénea de mulheres grávidas. *J. infect. Dis.,* 152: 249-256.

Coll O, Benoist G, Ville Y, Weisman LE, Botet F, Anceschi MM, Greenough A, Gibbs RS, Carbonell-Estrany X. (2009). Directrizes sobre a infeção congénita por CMV. *J. Perinat. Med.* 37:433-445. http://dx.doi.org/10.1515/JPM.2009.127

Colugnati, FAB, Staras, SAS, Dollard, SC. Cannon, MJ (2007). Incidência da infeção por citomegalovírus na população em geral e nas mulheres grávidas nos Estados Unidos. *BMC Infect. Dis.7:71-79.*

Compton, T., E. A. Kurt-Jones, K. W. Boehme, J. Belko, E. Latz, D. T. Golenbock e R. W. Finberg. (2003). O citomegalovírus humano ativa as respostas inflamatórias das citocinas através do CD14 e do recetor 2 do tipo Toll. J. Virol.

77:4588-4596

Crough T, Khanna R, (2009). Immunobiology of Human Cytomegalovirus: from Bench to Bedside. *Clin.Microbiol. Rev.Vol.22.* p. 76-98

Delfan-Beiranvand M, Sheikhian A, Biijandi M, Fazeli M (2011). Seroprevalência da infeção por citomegalovírus em mulheres grávidas. *Iraj of virol.* 5(4): 11-16

Dollard, S.C.; Keyserling, H.; Radford, K.; Amin, H.H./ Stowell, J.; Winter, J.; Schmid, D.S.; Cannon, M.J.; Hyde, T.B (2014) Correlatos virais e de anticorpos do citomegalovírus em crianças pequenas. BMC Res. 7, 776.

Drew WL (1988). Diagnóstico da infeção por citomegalovírus. Rev Infect Dis. 10(Suppl 3):S468-76.

Fowler, K.B.; Boppana, S.B. (2006) infeção congénita por citomegalovírus (CMV) e défice auditivo. *J. Clin. Virol.* 2, 226-231.

Gaytant MA, Steegers EA, Semmekrot BA, Merkus HM, Galama JM.(2002) Congenital cytomegalovirus infection: review of the epidemiology and outcome. *Obstet Gynecol Surv.* 57:245-56

Griffiths PD, Stagno S, Pass RF, Smith RJ, Alford CA Jr (1982). Infeção por citomegalovírus durante a gravidez: anticorpos IgM específicos como marcador de infeção primária recente. *J Infect Dis.* 145:647-53.

Griffiths, P.D.; Mclaughlin, J.E. Scheld,W.M., Whitley, R.J., Marra, C.M (2004) Cytomegalovirus

Infections of the Central Nervous System; Eds.; *Lippincott Williams & Wilkins: Philadelphia, PA, USA,* pp. 159-173.

Hagay ZJ, Biran G, Ornoy A, Reece EA.(1996) Congenital cytomegalovirus infection: a longstanding problem still seeking a solution. *Am JObstet Gynecol.* 174:241-5.

Hamdan, HZ, Abdelbagi, IE., Nasser, NN, Adam,I (2011). Seroprevalência de citomegalovírus e rubéola entre mulheres grávidas no Sudão Ocidental. *Jornal de Virologia,18:* 217-218

Hanshaw JB. (1995).Infecções por citomegalovírus. *Pediatr Rev* ;16:43-48; quiz 49.

Hazell SL. / Dollard, S.C.; Keyserling, H.; Radford, K.; Amin, H.H.; Stowell, J.; Winter, J.; Schmid, D.S.; Cannon, M.J. (2007). Utilidade clínica dos ensaios de avidez. *Expert Opin. Med. Diagn.* 1:511-519. http://dx.doi.org/10.1517/17530059.1.4.511.

Hyde, T.B (2014). Correlatos virais e de anticorpos do citomegalovírus em crianças pequenas. BMC Res. 7, 776.

Hyde, T.B.; Schmid, D.S.; Cannon, M.J (2010). Taxas de seroconversão do citomegalovírus e factores de risco: Implicações para o CMV congénito. Rev. *Med. Virol.* 20, 311-326.

Jacquemard F, Yamamoto M, Costa JM, et al (2007). Administração materna de valaciclovir na infeção intra-uterina sintomática por citomegalovírus. *BJOG.* 114(9): 1113-21.

Kenneson, A.; Cannon, M.J (2007). Revisão e meta-análise da epidemiologia da infeção congénita por citomegalovírus (CMV). Rev. *Med. Virol.* 17, 253-276.

Lazzarotto T, Varani S, Guerra B, Nicolosi A, Lanari M, Landini MP (2000). Indicadores pré-natais de infeção congénita por citomegalovírus. J Pediatr. 137:90-5.

Malm, G.; Engman, M.L. (2007) infecções congénitas por citomegalovírus. Semin. Fetal Neonatal Med. 154-159.

Meng Li-li, Chen H, Tan JP, Wang Zheng-hua, Zhang R, Fu S, Zhang JP (2011). Avaliação das características etiológicas de mulheres chinesas com abortos espontâneos recorrentes: um estudo num único centro. Chinese Med. J. 124(9):1310-1315.

Mussi- Pinhata MM, Yammato AY, Brito RMM, et al (2009). Prevalência de Nascimento e História Natural da Infeção Congênita por Citomegalovírus em uma População Altamente Soro-Imune. *Clin. Infect. Dis.*49 (4); 522-528.

Naddeo F, Passos-castilho AM, Granato C (2015). Infeção por citomegalovírus na gravidez. *Rev J Bras Patol Med Lab* .310-314

Nigro G, Adler SP, La Torre R, Best AM (2015). Grupo colaborador de citomegalovírus congénito. Imunização passiva durante a gravidez para infeção congénita por citomegalovírus. *N Engl J Med.* 353(13): 1350- 62

Okwori, A, Olabode, A, Emumwen, E, et al (2008). Inquérito sero-epedemiológico sobre a infeção por citomegalovírus entre as futuras mães em Bida, Nigéria. *O Internet J. of Infect.* Dis. Vol.6 Número 2

Pass, R.F.; Fowler, K.B.; Boppana, S.B.; Britt, W.J.; Stagno, S.(2006) Infeção por citomegalovírus após infeção materna no primeiro trimestre: Symptoms at birth and outcome. *J. Clin. Virol.* 35, 216-220.

Pass, RF. Citomegalovírus (2001). In: 4º (Ed) Field's Virology. *Lippincott Williams e Wilkins Publishers.* 2 (2): 2189-2208.

Picone OC, Vauloup F, Cordier AGI, Parent Du C, Senat MV, Frydman R, Grangeot-Keros L (2009). Um estudo de 2 anos sobre a infeção por citomegalovírus durante a gravidez num hospital francês. Br. J. Obstet. Gynecol. 116(6):818-823.

Plosa EJ, Esbenshade JC, Fuller MP, Weitkamp JH (2012) Infeção por Citomegalovírus. Pediatr Rev 33: 156-163.

Pultoo A, Jankee H, Meetoo G, Pyndiah MN, Khittoo G. (2000) Deteção de citomegalovírus na urina de crianças com deficiência auditiva e com atraso mental por PCR e cultura de células. *J Commun Dis*.32, 101-8.

Rahav, G.; Gabbay, G.; Ornoy, A.; Shechtman, S.; Arnon, J.; Diav-Citrin, O (2007). Infeção primária versus não primária por citomegalovírus durante a gravidez, Israel. Emerg. Infect. Dis.13, 1791-1793.

Revello MG, Gerna G. (2002). Diagnóstico e tratamento da infeção por citomegalovírus humano na mãe, no feto e no recém-nascido. *Clin. Microbiol.* Rev. 15:680-715. http://dx.doi.org/10.1128/CMR.15.4.680 -715.2002

Revello, M.G.; Fabbri, E.; Furione, M.; Zavattoni, M.; Lilleri, D.; Tassis, B.; Quarenghi, A.; Cena, C.; Arossa, A.;Montanari, L.; et al(2011). Papel do diagnóstico e aconselhamento pré-natal na gestão de 735 gravidezes complicadas por infeção primária por citomegalovírus humano: Uma experiência de 20 anos. *J. Clin. Virol.* 50, 303-307.

Saraswathy, TS, Al-ulhusna, A, Ashshikin, RN, et al (2001). Seroprevalência da infeção por citomegalovírus nas mulheres e papel associado nas complicações obstétricas: um estudo preliminar. SouthEast Asian Journal of Tropical Medicine. Saúde Pública, 42 (2):320-322.

Schleiss MR (2011). Infeção congénita por citomegalovírus: mecanismos moleculares que medeiam a patogénese viral. *Infect Disord Drug Targets.* 11(5): 449-65.

Schleiss, M. R. (2010). Infeção Pediátrica por Citomegalovírus. *eMedicina Especialidades Medicina Geral Pediátrica* .www.eMedicinemedscape.com/Pediatricgeneral infecções.13-01- 2017.

Seo S, Cho Y, Park J (2009). Rastreio serológico de mulheres coreanas grávidas para a infeção primária por citomegalovírus humano utilizando o teste de avidez de IgG. Korean J. Lab. Med. 29(6):557-562.

Sinzger, C., A. Grefte, B. Plachter, A. S. Gouw, T. H. The, e G. Jahn. (1995). Os fibroblastos, as células epiteliais, as células endoteliais e as células musculares lisas são os principais alvos da infeção pelo citomegalovírus humano nos tecidos pulmonares e gastrointestinais. *J. Gen. Virol.* 76:741-750.

Soper, D.E. Congenital Cytomegalovirus Infection: An Obstetrician's Point of View. *Clin. Infect.* Dis. 57, S17-S173.

Stagno S, Paass RF, Dworsky ME (1982).Infeção congénita por citomegalovírus: a importância relativa da infeção materna primária e recorrente. *N Engl J Med.* 306(16): 945-9. PubMed PMID: 6278309

Staras SAS, Dollard SC, Radford KW, Flanders WD, Pass RF, Cannon MJ (2006). Seroprevalência da infeção por citomegalovírus nos Estados Unidos, 1988-1994. Clin. Infect. Dis. 43(9):1143-1151.

Stein O, Sheinberg B, Schiff E, Mashiach S , Seidman D.S (1997). Prevalência de anticorpos contra o CMV na população parturiente em Israel. *Isr J Med Sci.* 33(1):53-8

Syggelou A, Iacovidou N, Kloudas S, Christoni Z, Papaevangelou V(2010). Infeção congénita por citomegalovírus. *Ann N Y Acad Sci.* 2010; 1205: 144-7.

Tamer, GS, Dundar, D. e Caliskan, E (2009). Seroprevalência de Toxoplasma gondii, Rubéola e Citomegalovírus entre mulheres grávidas na região ocidental da Turquia. *Clin. And Investigative Medicine*, 32(1):2007-2010

Tookey, PA, Ades, AE. E Peckham, CS (1992). Prevalência do citomegalovírus em mulheres grávidas: a influência da paridade. *Arch. of Dis. of* Children. 67:779-783.

Walter R. Wilson, W. Lawrence, MD Drew, Nancy K., Phd Henry, Merle A., MD Sande, David A., MD Relman, James M., MD Steckelberg, Julie Louise, MD Gerberding(2001). Current Diagnosis & Treatment in Infectious Diseases (Diagnóstico e Tratamento Atual de Doenças Infecciosas). *McGraw-Hill/Appleton & Lange. 1st* edi.406-408.

Wammanda RD, Onalo R, Adama SJ (2007). Padrão de distúrbios neurológicos apresentados em clínicas de neurologia pediátrica na Nigéria. *J. annals afrimed* vol. 6(2); 73-75. http://www.annalsafrmed.org

Wang C, Zhang X, Bialek S, Cannon MJ (2011). Atribuição da infeção congénita por citomegalovírus à infeção materna primária versus não primária. *Clin Infect Dis.* 52(2): e11-3.

Yeroh M, Aminu M, Musa BOP (2015). Seroprevalência da infeção por citomegalovírus entre mulheres grávidas em kaduna. *Afr. J. CLN.EXPER.MICROBIOL.* 16 (1):37-47

Yinon Y, Farine D, Yudin MH (2010). Infeção por citomegalovírus na gravidez. *Diretriz de prática clínica da SOGC.* 32(4); 348-5

APÊNDICES

Apêndice 1: Reagentes e componentes dos kits Elisa IgM.

Reagentes	Componente Descrição
CMV IgM Placa de micropoços (96 poços/placa) Conjugado (12ml)	Placa de micropoços revestida com anticorpo IgM anti-humano Antigénios recombinantes do CMV ligados à peroxidase; conservante: 0,1% ProClin™ 300
Tampão de lavagem concentrado (50 ml)	Tampão Tris-HCL com 0,1% de Tween 20; conservante: 0,1% ProClin™ 300
Diluente de amostras (12 ml)	Tampão Tris ; Conservante: 0,1% ProClin™ 300
Substrato A (8ml)	Tampão citrato-fosfato com H202 ; Conservante: 0,1% ProClin™ 300
Substrato B (8ml)	Tampão com tetrametilbenzidina (TMB); Conservante: 0,1% ProClin™ 300
Solução de paragem (8 ml) **CMV IgM Controlo negativo (1 ml)**	Ácido sulfúrico 0,5M. Tampão; Conservante: 0,1% ProClin™ 300Buffer
Calibrador de limite CMV IgM (1 ml)	Tampão que contém anticorpos IgM contra o CMV; Conservante: 0,1% ProClin™ 300
Controlo positivo do CMV (1 ml)	Tampão que contém anticorpos IgM contra o CMV; Conservante: 0,1% ProClin™ 300

	1	2	3	4	5	6	7	8	9	10	11	12
A	0.038 Em branco	0.199 S-1 -	0.149 S- -	0.365 S- +	0.306 S- +	0.336 S- -	0.179 S- -	0.193 S- -	0.593 S- +	0.338 S- -	0.354 S-1 +	0.674 S-1 +
B	0.036 Negativo	0.335 S-12 -	0.899 S-1 +	0.132 S-14 -	0.412 S-15 +	0.391 S-16 +	0.301 S-17 +	0.166 S-18 -	0.086 S-1 -	0.118 S-20 -	0.118 S-2 -	0.107 S-2 -
C	0.035 Negativo	0.099 S-23 -	0.21 S-2 -	0.221 S-25 -	0.069 S-26 -	0.323 S-27 +	0.222 S-28 -	0.226 S-29 -	0.143 S-3 -	0.873 S-31 +	0.132 S-3 -	0.05 S-3 -
D	0.312 Corte	0.744 S-34 +	0.136 S-3 -	0.13 S-36 -	0.129 S-37 -	0.51 S-38 +	0.279 S-39 +	0.35 S-40 +	0.147 S-4 -	0.154 S-42 -	0.739 S-4 +	0.102 S-4 -
E	0.321 Corte	0.075 S-45 -	0.06 S-4 -	0.18 S-47 -	0.198 S-48 -	0.311 S-49 +	0.353 S-50 +	0.299 S-51 +	0.411 S-5 +	0.094 S-53 -	0.428 S-5 +	0.074 S-5 -
F	2.767 Positiv o	0.089 S-56 -	0.113 S-5 -	0.201 S-58 -	0.402 S-59 +	0.111 S-60 -	0.075 S-61 -	0.215 S-62 -	0.305 S-6 +	0.156 S-64 -	0.289 S-6 +	0.159 S-6
G	2.708 Positiv o	0.255 S-67 +	0.045 S-6 -	0.056 S-69 -	0.074 S-70 -	0.159 S-71 -	0.112 S-72 -	1.064 S-73 -	0.286 S-7 +	0.556 S-75 +	0.06 S-7 -	0.053 S-7 -
H	0.069 S-89 -	0.635 S-78 +	0.045 S-7 -	0.045 S-80 -	0.602 S-81 +	0.124 S-82 -	0.141 S-83 -	0.13 S-84 -	0.289 S-8 +	0.104 S-86 -	0.058 S-8 -	0.086 S-8 -

Apêndice 3. Absorvância das amostras testadas para IgM - kit 2

	1	2	3	4	5	6	7	8	9	10	11	12
A	0.045 Em branco	0.076 S-91 -	0.052 S-9 -	0.075 S-93 -	0.141 S-94 -	0.133 S-95 -	0.416 S-96 +	0.135 S-97 -	0.232 S- -	0.22 S-99 -	0.356 S-100 -	0.089 S-101 -
B	0.038 Negativo	0.228 S-102 -	0.825 S-103 +	0.064 S-104 -	0.424 S-105 +	0.167 S-106 -	0.058 S-107 -	0.491 S-108 +	0.773 S-1 +	0.249 S-110 -	0.112 S-111 -	0.117 S-112 -
C	0.214 Negativo -	0.271 S-113 -	0.212 S-114 -	0.081 S-115 -	0.301 S-116 -	0.362 S-117 +	0.184 S-118 -	0.286 S-119 -	0.257 S-1 -	0.263 S-121 -	0.632 S-122 +	0.267 S-123 -
D	0.361 Corte	0.539 S-124 +	0.35 S-125 +	0.118 S-126 -	0.212 S-127 -	0.248 S-128 -	0.075 S-129 -	0.203 S-130 -	0.658 S-1 +	0.524 S-132 +	0.072 S-133 -	0.17 S-134 -
E	0.249 Corte	0.105 S-135 -	0.059 S-136 -	0.145 S-137 -	0.228 S-138 -	0.21 S-139 -	0.199 S-140 -	0.117 S-141 -	0.116 S-1 -	0.076 S-143 -	0.132 S-144 -	0.048 S-145 -
F	2.134 Positivo	0.434 S-146 -	0.279 S-147 -	0.077 S-148 -	0.247 S-149 -	0.179 S-150 -	0.107 S-151 -	0.262 S-152 -	0.263 S-1 -	0.152 S-154 -	0.152 S-155 -	0.239 S-156 -
G	2.528 Positivo	0.182 S-157 -	0.339 S-158 +	0.502 S-159 +	0.248 S-160 -	0.304 S-161 -	0.383 S-162 +	0.231 S-163 -	0.257 S-1 -	0.441 S-165 +	0.157 S-166 -	0.265 S-167 -
H	0.172 S-90 -	0.265 S-168 -	0.176 S-169 -	0.089 S-170 -	0.372 S-171 +	0.23 S-172 -	0.068 S-173 -	0.31 S-174 -	0.412 S-1 +	0.805 S-176 +	0.073 S-177 -	0.237 S-178 -

Reagentes	Componente Descrição
CMV IgG Placa de micropoços **(96 poços/placa)**	Placa de micropoços revestida com anticorpo IgG anti-humano
Conjugado **(12ml)**	Antigénios recombinantes do CMV ligados à peroxidase; conservante: 0,1% ProClin^{TM} 300
Tampão de lavagem concentrado (50 ml)	Tampão Tris-HCL com 0,1% de Tween 20; conservante: 0,1% ProClin^{TM} 300
Diluente de amostras (12 ml) **Substrato A (8 ml)**	Tampão Tris ; Conservante: 0,1% ProClin^{TM} 300 Tampão citrato-fosfato com H202 ; Conservante: 0,1% ProClin^{TM} 300
Substrato B (8ml)	Tampão com tetrametilbenzidina (TMB); Conservante: 0,1% ProClin^{TM} 300
Solução de paragem (8 ml) **Calibrador CMV IgG 1**	Ácido sulfúrico 0,5M. Soro humano diluído não reativo para anticorpos IgG anti-CMV; Conservante: 0,1% ProClin^{TM} 300Buffer
Calibrador CMV IgG 2	Soro humano diluído contendo 15U/ml de anticorpos CMV IgG; Conservante: 0,1% ProClin^{TM} 300
Calibrador CMV IgG 3	Soro humano diluído contendo 60U/ml de anticorpos CMV IgG; Conservante: 0,1% ProClin^{TM} 300
Calibrador CMV IgG 4	Soro humano diluído contendo 150U/ml de anticorpos CMV IgG; Conservante: 0,1% ProClin^{TM} 300

	1	2	3	4	5	6	7	8	9	10	11	12
A	0.04 Em branco	2.211 C4	0.935 S-78 +	1.574 S-79 +	1.279 S-80 +	0.682 S-81 +	0.612 S-82 +	0.065 S-83 -	0.23 S-84 +	0.121 S-85 -	0.256 S-8 +	0.042 S-8 -
B	0.044 C1	1.98 S- +	1.683 S- +	1.473 S- +	1.658 S- +	1.401 S- +	0.514 S- +	0.119 S- -	0.036 S- -	0.097 S- -	0.085 S-1 -	0.224 S-1 +
C	0.055 C1	1.349 S-1 +	1.271 S-13 +	1.174 S-14 +	0.896 S-15 +	1.511 S-16 +	1.028 S-17 +	0.113 S-18 -	1.671 S-19 +	0.292 S-20 +	0.05 S-2 -	0.07 S-2 -
D	0.241 C2	1.002 S-2 +	1.555 S-24 +	0.577 S-25 +	1.165 S-26 +	0.81 S-27 +	0.91 S-28 +	0.044 S-29 -	0.243 S-30 +	0.287 S-31 +	0.11 S-3 -	0.036 S-3 -
E	0.242 C2	1.038 S-3 +	0.683 S-35 +	1.943 S-36 +	1.471 S-37 +	0.778 S-38 +	1.758 S-39 +	0.317 S-40 +	0.07 S-41 -	0.055 S-42 -	0.041 S-4 -	0.109 S-4 -
F	0.731 C3	1.663 S-4 +	2.589 S-46 +	1.028 S-47 +	1.702 S-48 +	1.662 S-49 +	0.833 S-50 +	0.05 S-51 -	0.035 S-52 -	0.037 S-53 -	0.033 S-5 -	0.036 S-5 -
G	0.72 C3	2.163 S-5 +	0.854 S-57 +	1.077 S-58 +	1.773 S-59 +	0.926 S-60 +	0.928 S-61 +	0.049 S-62 -	0.298 S-63 +	0.112 S-64 -	0.223 S-6 +	0.122 S-6 -
H	1.92 C4	1.591 S-6 +	0.63 S-68 +	0.831 S-69 +	0.981 S-70 +	2.064 S-71 +	1.363 S-72 +	0.085 S-73 -	0.261 S-74 +	0.225 S-75 +	0.032 S-7 -	0.034 S-7 -

Apêndice 6. Absorvância das amostras testadas para deteção de IgG - kit 2

	1	2	3	4	5	6	7	8	9	10	11	12
A	0.074 Em branco	2.003 C4	0.942 S-88 +	0.795 S-8 +	1.467 S-90 +	1.259 S-9 +	1.612 S-92 +	0.922 S-93 +	1.654 S-94 +	1.214 S-95 +	1.385 S-96 +	0.862 S-97 +
B	0.047 C1	0.564 S-98 +	1.548 S-99 +	1.54 S-100 +	0.787 S-101 +	1.116 S-102 +	1.729 S-103 +	1.26 S-104 +	0.737 S-105 +	1.085 S-106 +	0.545 S-107 +	1.755 S-108 +
C	0.052 C1	1.568 S-109 +	1.03 S-110 +	2.174 S-111 +	0.714 S-112 +	0.3 S-113 -	1.535 S-114 +	0.387 S-115 +	2.344 S-116 +	0.931 S-117 +	0.855 S-118 +	0.839 S-119 +
D	0.465 C2	0.561 S-120 +	0.951 S-121 +	1.215 S-122 +	0.791 S-123 +	2.648 S-124 +	0.882 S-125 +	0.385 S-126 +	0.534 S-127 +	1.235 S-128 +	0.749 S-129 +	0.416 S-130 +
E	0.375 C2	0.654 S-131 +	1.082 S-132 +	1.048 S-133 +	1.648 S-134 +	1.233 S-135 +	1.217 S-136 +	1.842 S-137 +	0.969 S-138 +	1.097 S-139 +	1.04 S-140 +	1.168 S-141 +
F	0.955 C3	0.653 S-142 +	0.897 S-143 +	1.488 S-144 +	1.774 S-145 +	1.691 S-146 +	1.107 S-147 +	1.447 S-148 +	1.094 S-149 +	1.423 S-150 +	1.126 S-151 +	1.194 S-152 +
G	0.953 C3	0.483 S-153 +	1.486 S-154 +	0.806 S-155 +	0.777 S-156 +	1.537 S-157 +	0.547 S-158 +	0.437 S-159 +	1.631 S-160 +	1.057 S-161 +	2.606 S-162 +	0.744 S-163 +
H	2.296 C4	1.266 S-164 +	1.685 S-165 +	1.597 S-166 +	0.606 S-167 +	1.658 S-168 +	0.834 S-169 +	0.643 S-170 +	1.297 S-171 +	1.777 S-172 +	2.29 S-173 +	0.762 S-174 +

I want morebooks!

Buy your books fast and straightforward online - at one of world's fastest growing online book stores! Environmentally sound due to Print-on-Demand technologies.

Buy your books online at
www.morebooks.shop

Compre os seus livros mais rápido e diretamente na internet, em uma das livrarias on-line com o maior crescimento no mundo! Produção que protege o meio ambiente através das tecnologias de impressão sob demanda.

Compre os seus livros on-line em
www.morebooks.shop

Printed by Books on Demand GmbH, Norderstedt / Germany